Partition des nombres entiers

© R.S., Mars 2021

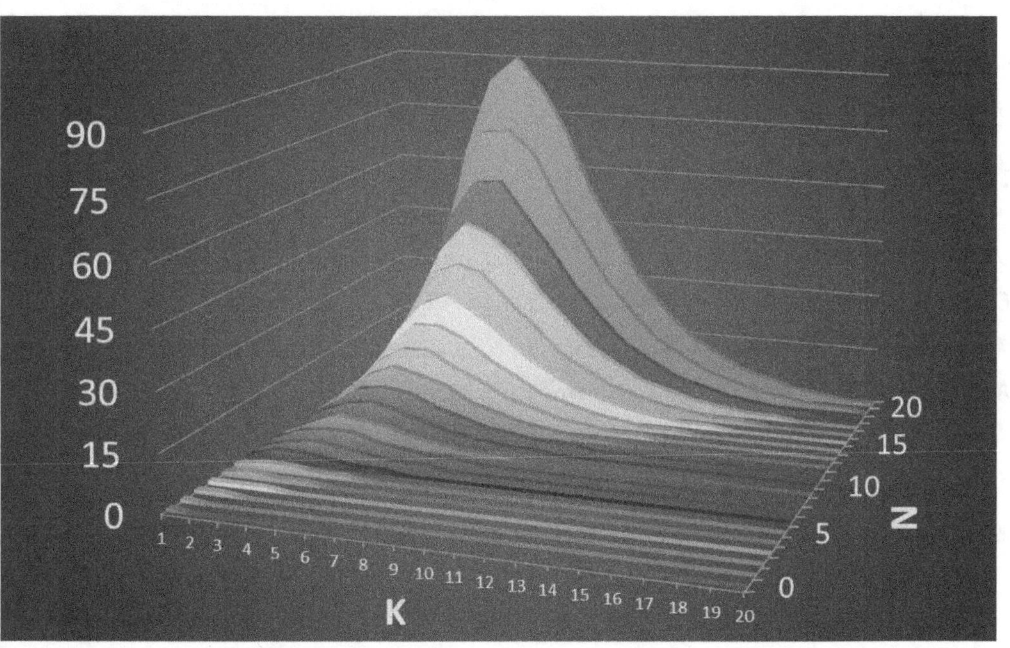

Table des matières

« Il y a deux sortes de chefs d'orchestre :
ceux qui ont la partition dans la tête et ceux qui ont la tête dans la partition. »
, Arturo Toscanini

ISBN : 9798727021989

A Amélie et Victor,

1. En combien d'additions peut-on décomposer un nombre entier ?

On se propose de rechercher le nombre de partition d'un nombre entier quelconque. Commençons par présenter de quoi il s'agit. Par exemple si n=5, on a :

> n=5
> n=4+1
> n=3+2
> n=3+1+1
> n=2+2+1
> n=2+1+1+1
> n=1+1+1+1+1

Ce qui nous donne 7 solutions et aucune autre. On appelle ces solutions des partitions de n. En effet elles représentent le nombre de possibilité de découper n en 1, 2, 3, 4 ou 5 parties égales ou pas. On a donc partitionné notre nombre n en une à n-1 parties.

On appelle p(n) le nombre de partition entière de n. Dans l'exemple précédent, on a : p(5)=7.

2. Partition des nombres entiers avec doublons : d(n)

Le nombre de partitions possibles avec doublons d'un nombre entier est aussi appelée le nombre de combinaisons d'un nombre entier.

1. Peut-on simplement connaître le nombre de partition d'un nombre entier ?

Et bien non, malheureusement ce n'est pas simple. Essayons tout d'abord de partir d'un problème plus simple. On va compter les partitions de n sans s'occuper de l'ordre des nombres. C'est-à-dire que l'on va trouver un nombre de partition plus grand avec des doublons liés à l'ordre des nombres dans l'addition. Reprenons l'exemple précédent avec n=5 pour bien comprendre :

```
n=5
n=4+1
n=3+2
n=2+3            x
n=1+4            x
n=3+1+1
n=2+1+2          x
n=2+2+1
n=1+1+3          x
n=1+2+2          x
n=1+3+1          x
n=2+1+1+1
n=1+2+1+1               x
n=1+1+2+1               x
n=1+1+1+2               x
n=1+1+1+1+1
```

Les croix indiquent les cas supplémentaires. Ils sont en doublon puisque l'addition est associative. C'est-à-dire que l'ordre des nombres à additionner importe peu. On a donc maintenant 7 cas + 9 cas de doublons soit 16 partitions.

On appelle d(n) le nombre de partitions de n avec doublons. Dans l'exemple précédent on a : d(5)=16.

Or, ce calcul est plus simple puisqu'on n'a pas besoin de se soucier de l'ordre des nombres. Il suffit de calculer toutes les additions possibles. Alors comment faire ?

2. Un nombre

Bien entendu, la partition d'un nombre en un nombre est unique puisqu'il s'agit de lui-même. On a donc :

$$d_1(n) = \sum_{j=1}^{1} 1 = 1 = \binom{n-1}{0}$$

Par exemple :

$$5 = 5 : une\ seule\ partition\ à\ un\ nombre\ (le\ nombre\ lui-même)$$

C'est simple mais il ne fallait pas l'oublier.

3. Addition de deux nombres

Regardons de plus près avec uniquement la partition avec doublons sur deux nombres :

$$n = (n - j) + j \ pour \ j = 1 \ à \ n - 1$$

Car :

$$n = n = n - j + j = (n - j) + j$$

En ajoutant et supprimant une nouvelle variable (j) on décompose n en deux entiers tout en garantissant toujours la somme totale à n. On va toujours dans la suite procéder de la sorte pour décomposer chaque nombre en plusieurs nombres tout en ayant une somme globale toujours égale à n.

D'où une partition de :

$$d_2(n) = \sum_{j=1}^{n-1} 1 = n - 1 = \binom{n-1}{1}$$

Sachant que :

$$\binom{n}{k} = \frac{n!}{k! \, (n - k)!}$$

$$Et \ n! = n(n - 1)(n - 2)(n - 3) \dots 3.2.1 : appelée \ factorielle \ de \ n$$

On a bien dans l'exemple précédent :

$$5 = \begin{cases} 4 + 1 \\ 3 + 2 \\ 2 + 3 \\ 1 + 4 \end{cases} \to d_2(5) = 4$$

Un peu d'explication ne fera pas de mal. Pour avoir une somme de deux nombres égale à n, il suffit que le premier soit diminué de 1 ou plus et que le second valle 1 ou plus. Ce qui explique l'insertion de la variable j.

4. Addition de trois nombres

De même pour une partition de n avec doublons sur trois nombres, on a :

$$n = (n - j) + (j - k) + k \; pour \begin{cases} j = 2 \text{ à } n - 1 \\ k = 1 \text{ à } j - 1 \end{cases}$$

On a ici décomposé j en deux nombres à l'aide d'une nouvelle variable k.

D'où :

$$d_3(n) = \sum_{j=2}^{n-1} \sum_{k=1}^{j-1} 1 = \sum_{j=2}^{n-1} (j - 1) = \frac{(n-1)(n-2)}{2} = \binom{n-1}{2}$$

On a bien dans l'exemple précédent :

$$5 = \begin{cases} 3 + 1 + 1 \\ 1 + 3 + 1 \\ 1 + 1 + 3 \\ 2 + 2 + 1 \\ 2 + 1 + 2 \\ 1 + 2 + 2 \end{cases} \rightarrow d_3(5) = \frac{4.3}{2} = 6$$

Ici, pour avoir la somme de trois nombres égale à n, il suffit que le premier soit diminué de 2 ou plus, que le second valle 1 ou plus diminué, à son tour, de 1 ou plus et que le troisième valle 1 ou plus.

5. Addition de quatre nombres

Sur le même principe, pour une partition de n avec doublons sur quatre nombres, on obtient :

$$n = (n - j) + (j - k) + (k - x) + x \; pour \begin{cases} j = 3 \text{ à } n - 1 \\ k = 2 \text{ à } j - 1 \\ x = 1 \text{ à } k - 1 \end{cases}$$

D'où :

$$d_4(n) = \sum_{j=3}^{n-1} \sum_{k=2}^{j-1} \sum_{x=1}^{k-1} 1 = \frac{(n-1)(n-2)(n-3)}{6} = \binom{n-1}{3}$$

On a bien dans l'exemple précédent :

$$5 = \begin{cases} 3 + 1 + 1 \\ 1 + 3 + 1 \\ 1 + 1 + 3 \\ 2 + 2 + 1 \\ 2 + 1 + 2 \\ 1 + 2 + 2 \end{cases} \rightarrow d_4(5) = \frac{4.3.2}{6} = 4$$

6. Addition de n nombres

Si bien qu'en généralisant par itération, on obtient pour une partition de n avec doublons sur n nombres :

$$d_k(n) = \underbrace{\sum_{j=k-1}^{n-1} \sum_{i=k-2}^{j-1} \sum_{l=k-3}^{i-1} \dots \sum_{z=1}^{y-1} 1}_{k-1\ sommes} = \frac{(n-1)(n-2)\dots(n-k+1)}{(k-1)!}$$

$$\rightarrow d_k(n) = \binom{n-1}{k-1} = \binom{n-1}{n-k}$$

Et en particulier :

$$d_n(n) = \binom{n-1}{0} = 1 = d_1(n)$$
$$d_{n-1}(n) = \binom{n-1}{1} = n-1 = d_2(n)$$
$$d_{n-2}(n) = \binom{n-1}{2} = \frac{(n-1)(n-2)}{2} = d_3(n)$$

On a d'ailleurs bien dans l'exemple précédent avec n=5 :

$$d_1(5) = \binom{4}{4} = 1$$
$$d_2(5) = \binom{4}{3} = 4$$
$$d_3(5) = \binom{4}{2} = 6$$
$$d_4(5) = \binom{4}{1} = 4$$
$$d_5(5) = \binom{4}{0} = 1$$

7. Nombre total de partitions entières de n avec doublons

Enfin, on a en additionnant toutes les partitions de n de 1 à n, le nombre total de partitions de n. Soit :

$$d(n) = \sum_{j=1}^{n} d_j(n) = \sum_{j=1}^{n} \binom{n-1}{j-1} = \sum_{j=0}^{n-1} \binom{n-1}{j} = 2^{n-1}$$

On retrouve bien dans notre exemple précédent, les 16 partitions :

$$d(5) = 2^4 = 16$$

On sait donc parfaitement le nombre de partitions avec doublons d(n) de tout nombre entier. Cela n'a d'ailleurs pas parut si complexe à démontrer. Voyons maintenant pourquoi le nombre de partitions sans doublons p(n) est-il si ardu.

3. Partition des nombres entiers sans doublons : p(n)

A ce jour aucune personne sur cette planète n'a trouvé d'une façon simple, c'est-à-dire sans récurrence par exemple, une équation donnant le nombre de partitions sans doublons d'un nombre entier n quelconque.

1. Triangle des partitions d'entiers

On va donc tout d'abord explorer le sujet pour bien identifier les points de difficultés. Pour cela voici une représentation sous forme de triangle des partitions selon n :

n \ k	1	2	3	4	5	6	7	8	9	10	11	12	13	14	15	16	17	18	19	20	p(n)
0	1																				1
1	1																				1
2	1	1																			2
3	1	1	1																		3
4	1	2	1	1																	5
5	1	2	2	1	1																7
6	1	3	3	2	1	1															11
7	1	3	4	3	2	1	1														15
8	1	4	5	5	3	2	1	1													22
9	1	4	7	6	5	3	2	1	1												30
10	1	5	8	9	7	5	3	2	1	1											42
11	1	5	10	11	10	7	5	3	2	1	1										56
12	1	6	12	15	13	11	7	5	3	2	1	1									77
13	1	6	14	18	18	14	11	7	5	3	2	1	1								101
14	1	7	16	23	23	20	15	11	7	5	3	2	1	1							135
15	1	7	19	27	30	26	21	15	11	7	5	3	2	1	1						176
16	1	8	21	34	37	35	28	22	15	11	7	5	3	2	1	1					231
17	1	8	24	39	47	44	38	29	22	15	11	7	5	3	2	1	1				297
18	1	9	27	47	57	58	49	40	30	22	15	11	7	5	3	2	1	1			385
19	1	9	30	54	70	71	65	52	41	30	22	15	11	7	5	3	2	1	1		490
20	1	10	33	64	84	90	82	70	54	42	30	22	15	11	7	5	3	2	1	1	627

p(n) est obtenu en additionnant tous les nombres par ligne de n. On voit que p(n) croît de manière exponentielle.

Voici le graphique qui illustre p(n) :

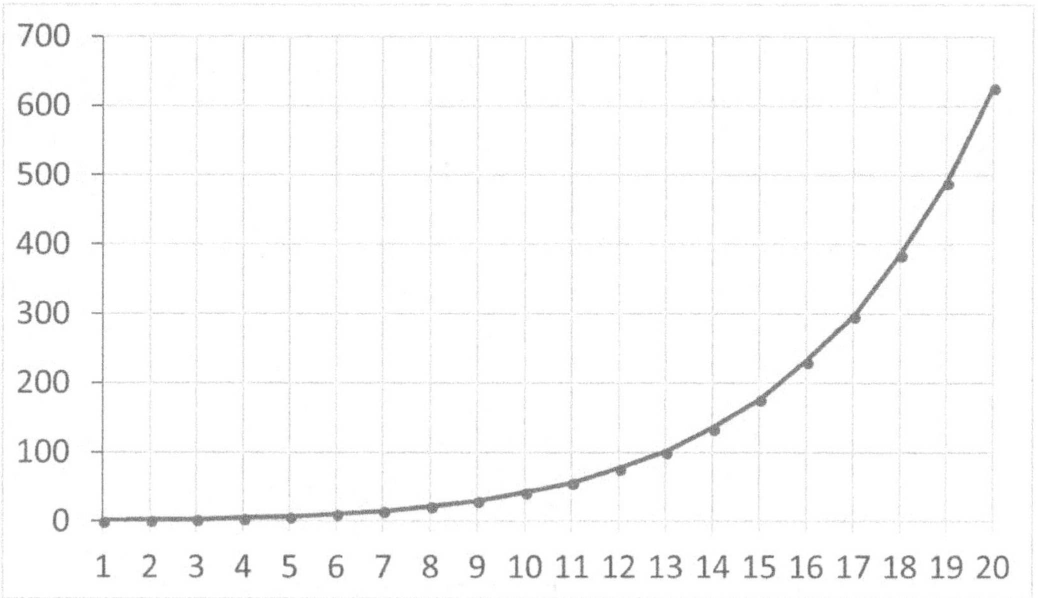

La croissance est rapide. D'ailleurs cette même courbe sur une échelle logarithmique le montre sur la page suivante.

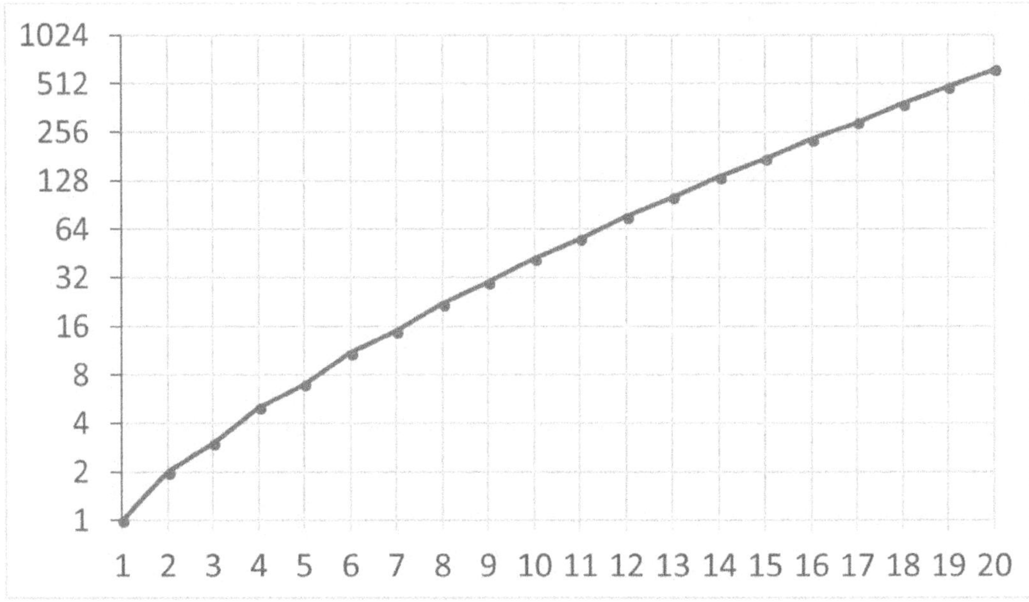

Malgré cette croissance exponentielle on reste bien inférieure aux valeurs de la partition de n avec doublons en puissance de 2. On a, par définition, puisqu'on enlève les doublons, l'inéquation suivante :

$$p(n) \leq d(n) = 2^{n-1}$$

Or, l'égalité n'est possible que pour n<3. On a donc :

$$p(n) = d(n) = 2^{n-1} \ avec \ n \leq 2$$

Et :

$$p(n) < d(n) = 2^{n-1} \ avec \ n > 2$$

On observe d'ailleurs que l'écart entre p(n) et d(n) s'accroît d'autant plus que n est grand. Si bien que ces deux fonctions n'ont plus rien à voir entre elles.

Voici une représentation du triangle précédent sous forme graphique :

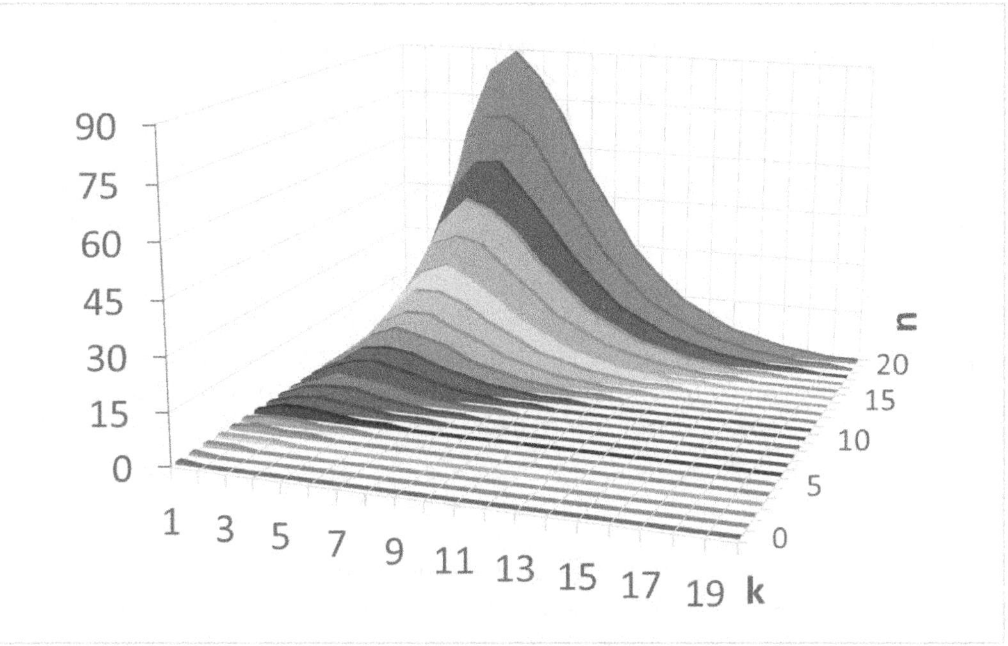

Ce graphique nous apprend plusieurs choses que l'on n'avait pas forcément identifiées. Tout d'abord lorsque n croît (profondeur du graphique) la croissance au plus haut est exponentielle. En revanche cette croissance est plus forte dans les premières partitions (k petit, de gauche à droite) que dans les dernières. Si bien que la courbe pour un n donné est une sorte de Gaussienne (courbe en cloche) décalée vers la gauche (le début) et avec une longue queue à droite. Cela rappelle les courbes de probabilité de loi normal asymétrique.

2. Partie entière plancher et plafond

Les parties entières plancher et plafond d'un nombre sont définies comme suit :

$$\lfloor x \rfloor \in \mathbb{N} : valeur\ plancher\ de\ x \in \mathbb{R}$$

$$\lceil x \rceil \in \mathbb{N} : valeur\ plafond\ de\ x \in \mathbb{R}$$

Par exemple :

$$\lfloor 2 \rfloor = \lfloor 2,2 \rfloor = \lfloor 2,8 \rfloor = 2$$
$$\lceil 2 \rceil = 2\ mais\ \lceil 2,2 \rceil = \lceil 2,8 \rceil = 3$$

Le plancher d'un nombre est la valeur entière de son arrondi inférieur ou égale si elle est entière. Le plafond d'un nombre est la valeur entière de son arrondi supérieur ou égale si elle est entière. On a donc les encadrements suivants :

$$x - 1 \leq \lfloor x \rfloor \leq x \leq \lceil x \rceil \leq x + 1$$

On peut aussi dire que la valeur plancher est la valeur entière inférieure ou égale la plus proche. Et la valeur plafond est la valeur entière supérieure ou égale la plus proche. Il existe des relations entre ces fonctions :

$$-\lfloor b \rfloor = \lceil -b \rceil$$
$$a + \lfloor b \rfloor = \lfloor a + b \rfloor \geq \lfloor a \rfloor + \lfloor b \rfloor$$
$$a - \lfloor b \rfloor = a + \lceil -b \rceil = \lceil a - b \rceil \geq \lceil a \rceil - \lfloor b \rfloor$$
$$a\lfloor b \rfloor = \lfloor b \rfloor a \leq ab$$

De même :

$$-\lceil b \rceil = \lfloor -b \rfloor$$
$$a + \lceil b \rceil = \lceil a + b \rceil \leq \lceil a \rceil + \lceil b \rceil$$
$$a - \lceil b \rceil = a + \lfloor -b \rfloor = \lfloor a - b \rfloor \leq \lfloor a \rfloor - \lceil b \rceil$$
$$a\lceil b \rceil = \lceil b \rceil a \geq ab$$

Les fonctions entières plafond et plancher sont utilisées dans la suite de ce document. Elles permettent parfois de condenser les équations. Par exemple, il n'est plus nécessaire de traiter deux cas (pair et impair) pour la parité. En revanche, ces deux fonctions se factorisent mal dû à leurs discontinuités. Ce qui peut engendrer des équations longues.

3. Un nombre

Bien entendu, la partition d'un nombre en un nombre est unique puisqu'il s'agit de lui-même. Cela ne varie pas puisqu'il ne peut y avoir de doublons avec une seule valeur.

On a donc toujours :

$$d_1(n) = \sum_{j=1}^{1} 1 = 1$$

Par exemple :

$$5 = 5 : une\ seule\ partition\ à\ un\ nombre\ (le\ nombre\ lui-même)$$

C'est simple mais il ne fallait pas l'oublier.

4. Addition de deux nombres

Essayons la méthode précédente pour uniquement la partition sans doublons sur deux nombres :

$$n = (n - j) + j \; pour \; j = 1 \; \text{à} \begin{cases} \dfrac{n}{2} \; si \; n \; pair \\ \dfrac{n-1}{2} \; si \; n \; impair \end{cases}$$

D'où :

$$p_2(n) = \sum_{j=1}^{\left\lfloor \frac{n}{2} \right\rfloor} 1 = \left\lfloor \frac{n}{2} \right\rfloor$$

On a bien dans l'exemple précédent :

$$5 = \begin{cases} 4 + 1 \\ 3 + 2 \end{cases} \rightarrow d_2(5) = \left\lfloor \frac{5}{2} \right\rfloor = 2$$

En effet, dès qu'on passe en dessous de la valeur de la moitié de n pour le premier nombre, alors le second nombre sera supérieur à cette moitié et donc déjà traité précédemment par le premier nombre qui débute à n-1 et décroît par unité.

Voici un tableau qui illustre le nombre de partitions sans doublons de n de deux entiers :

n	2										p2(n)
1											0
2	1+1										1
3	2+1										1
4	3+1	2+2									2
5	4+1	3+2									2
6	5+1	4+2	3+3								3
7	6+1	5+2	4+3								3
8	7+1	6+2	5+3	4+4							4
9	8+1	7+2	6+3	5+4							4
10	9+1	8+2	7+3	6+4	5+5						5
11	10+1	9+2	8+3	7+4	6+5						5
12	11+1	10+2	9+3	8+4	7+5	6+6					6
13	12+1	11+2	10+3	9+4	8+5	7+6					6
14	13+1	12+2	11+3	10+4	9+5	8+6	7+7				7
15	14+1	13+2	12+3	11+4	10+5	9+6	8+7				7
16	15+1	14+2	13+3	12+4	11+5	10+6	9+7	8+8			8
17	16+1	15+2	14+3	13+4	12+5	11+6	10+7	9+8			8
18	17+1	16+2	15+3	14+4	13+5	12+6	11+7	10+8	9+9		9
19	18+1	17+2	16+3	15+4	14+5	13+6	12+7	11+8	10+9		9
20	19+1	18+2	17+3	16+4	15+5	14+6	13+7	12+8	11+9	10+10	10

5. Addition de trois nombres

Pour uniquement la partition sans doublons sur trois nombres, on a :

$$n = (n - j) + (j - k) + k \ pour \begin{cases} j = 2 \ \text{à} \ \left\lfloor \dfrac{2n}{3} \right\rfloor \\[2em] k = \left\lceil \dfrac{j}{2} \right\rceil \ \text{à} \ \begin{cases} j - 1 \ si \ j \leq \left\lceil \dfrac{n}{2} \right\rceil \\[1em] n - j \ si \ j > \left\lceil \dfrac{n}{2} \right\rceil \end{cases} \end{cases}$$

Ce résultat demande des explications. Le 1er nombre varie entre :

- n-2, pour débuter avec un 2nd et 3ième nombre au minimum, à savoir 1 chacun, soit :

$$n = (n - 2) + 1 + 1$$

- Et, au plus n/3 pour finir avec un 2nd et 3ième nombre au maximum, à savoir n/3 chacun, soit :

$$n = \left\lceil \frac{n}{3} \right\rceil + \left\lfloor \frac{n}{3} \right\rfloor + \left\lfloor \frac{n + 1}{3} \right\rfloor$$

On a donc, pour le 1er nombre, l'encadrement suivant :

$$n - (n - 2) = 2 \leq \boldsymbol{n - j} \leq n - \left\lceil \frac{n}{3} \right\rceil = \left\lfloor \frac{2n}{3} \right\rfloor \ soit : \left\lfloor \frac{2n}{3} \right\rfloor - 1 \ éléments$$

Le 2nd nombre varie entre :

- Au plus j/2 pour débuter avec un 3ième nombre au maximum, à savoir au moins j/2, soit :

$$n = (n - j) + \left\lceil \frac{j}{2} \right\rceil + \left\lfloor \frac{j}{2} \right\rfloor$$

- Et :
  - j-1, si j est inférieur ou égal à n/2*, pour finir avec un 3ième nombre au minimum, à savoir 1, soit :

$$n = (n - j) + (j - 1) + 1$$

o n-j, si j est supérieur à n/2*, pour finir avec un 3ième nombre au minimum, à savoir 2j-n (>0), soit :

$$n = (n - j) + (n - j) + (2j - n)$$

*car au-dessus de n/2 on retrouve des valeurs déjà traitées à un rang j précédent mais dans un ordre des trois nombres différents. Par exemple : 20=8+9+3 n'est pas pris en compte car on a déjà inclus précédemment (pour un j inférieur) : 20=9+8+3 qui est la même combinaison de nombres. Ainsi, on évite tout doublon.

Sachant qu'on a posé au départ :

$$n = (n - j) + (j - k) + k$$

On retire n en passant n-j à gauche de l'équation pour avoir :

$$n - (n - j) = (j - k) + k$$
$$j = (j - k) + k$$

On se retrouve maintenant à une addition à deux nombres comme dans le paragraphe précédent. Sauf, qu'il y a une contrainte à prendre en compte. C'est le fait qu'on ne doit par retrouver un doublon précédemment calculé avec le 1er nombre n-j. On va expliquer un peu plus loin comment borner cela.

On obtient finalement pour le 2nd et 3ième nombres les encadrements suivants :

$$j = (j - k) + k \; pour :$$

$$k = \left\lfloor \frac{j}{2} \right\rfloor \; \text{à} \begin{cases} n - j \; si \; j > \left\lceil \frac{n}{2} \right\rceil \; avec \begin{cases} 1 \leq \left\lceil \frac{j}{2} \right\rceil \leq k \leq n - j \leq \left\lceil \frac{n-2}{2} \right\rceil = \left\lceil \frac{n}{2} \right\rceil - 1 \\ \left\lfloor \frac{1}{2} \left\lfloor \frac{2n}{3} \right\rfloor \right\rfloor \geq \left\lfloor \frac{j}{2} \right\rfloor \geq j - k \geq 2j - n \geq 4 - n \end{cases} \\ j - 1 \; si \; j \leq \left\lceil \frac{n}{2} \right\rceil \; avec \begin{cases} 1 \leq \left\lceil \frac{j}{2} \right\rceil \leq k \leq j - 1 \leq \left\lceil \frac{n-2}{2} \right\rceil = \left\lceil \frac{n}{2} \right\rceil - 1 \\ \left\lfloor \frac{1}{2} \left\lfloor \frac{2n}{3} \right\rfloor \right\rfloor \geq \left\lfloor \frac{j}{2} \right\rfloor \geq j - k \geq 1 \end{cases} \end{cases}$$

A noter que la borne :

$$\left\lceil \frac{n-2}{2} \right\rceil = \left\lceil \frac{n}{2} \right\rceil - 1$$

Correspond à la valeur maximale du 2nd nombre, à savoir lorsque :

$$n = \left\lfloor \frac{n}{2} \right\rfloor + \left(\left\lceil \frac{n}{2} \right\rceil - 1 \right) + 1$$

On peut maintenant procéder au calcul du nombre de partitions à trois nombres sans doublons comme suit :

$$p_3(n) = \sum_{j=2}^{\left\lceil \frac{n}{2} \right\rceil} \sum_{k=\left\lceil \frac{j}{2} \right\rceil}^{j-1} 1 + \sum_{j=\left\lceil \frac{n}{2} \right\rceil+1}^{\left\lfloor \frac{2n}{3} \right\rfloor} \sum_{k=\left\lceil \frac{j}{2} \right\rceil}^{n-j} 1 = \sum_{j=2}^{\left\lceil \frac{n}{2} \right\rceil} \left(j - \left\lceil \frac{j}{2} \right\rceil \right) + \sum_{j=\left\lceil \frac{n}{2} \right\rceil+1}^{\left\lfloor \frac{2n}{3} \right\rfloor} \left(n - j - \left\lceil \frac{j}{2} \right\rceil + 1 \right)$$

$$= \sum_{j=2}^{\left\lceil \frac{n}{2} \right\rceil} \left\lfloor \frac{j}{2} \right\rfloor + \sum_{j=\left\lceil \frac{n}{2} \right\rceil+1}^{\left\lfloor \frac{2n}{3} \right\rfloor} \left(n + 1 - \left\lceil \frac{3j}{2} \right\rceil \right)$$

$$= \left\lfloor \frac{1}{4} \left\lceil \frac{n}{2} \right\rceil^2 \right\rfloor + (n+1)\left(\left\lfloor \frac{2n}{3} \right\rfloor - \left\lceil \frac{n}{2} \right\rceil \right) - \left\lceil \frac{3}{4} \left\lfloor \frac{2n}{3} \right\rfloor^2 \right\rceil - \left\lfloor \frac{2n}{3} \right\rfloor + 2 + \left\lceil \frac{3}{4} \left\lceil \frac{n}{2} \right\rceil^2 \right\rceil + \left\lceil \frac{n}{2} \right\rceil - 2$$

$$= \left\lfloor \frac{1}{4} \left\lceil \frac{n}{2} \right\rceil^2 \right\rfloor + \left\lceil \frac{3}{4} \left\lceil \frac{n}{2} \right\rceil^2 \right\rceil - \left\lceil \frac{3}{4} \left\lfloor \frac{2n}{3} \right\rfloor^2 \right\rceil + n \left(\left\lfloor \frac{2n}{3} \right\rfloor - \left\lceil \frac{n}{2} \right\rceil \right)$$

Soit :

$$\boxed{p_3(n) = \sum_{j=2}^{\left\lceil \frac{n}{2} \right\rceil} \sum_{k=\left\lceil \frac{j}{2} \right\rceil}^{j-1} 1 + \sum_{j=\left\lceil \frac{n}{2} \right\rceil+1}^{\left\lfloor \frac{2n}{3} \right\rfloor} \sum_{k=\left\lceil \frac{j}{2} \right\rceil}^{n-j} 1 = \left\lfloor \frac{1}{4} \left\lceil \frac{n}{2} \right\rceil^2 \right\rfloor + \left\lceil \frac{3}{4} \left\lceil \frac{n}{2} \right\rceil^2 \right\rceil - \left\lceil \frac{3}{4} \left\lfloor \frac{2n}{3} \right\rfloor^2 \right\rceil + n \left(\left\lfloor \frac{2n}{3} \right\rfloor - \left\lceil \frac{n}{2} \right\rceil \right)}$$

On peut également trouver une autre forme tout aussi convenable en démarrant comme cela :

$$p_3(n) = \sum_{j=2}^{\left\lceil \frac{n}{2} \right\rceil} \sum_{k=\left\lceil \frac{j}{2} \right\rceil}^{j-1} 1 + \sum_{j=\left\lceil \frac{n}{2} \right\rceil+1}^{\left\lfloor \frac{2n}{3} \right\rfloor} \sum_{k=\left\lceil \frac{j}{2} \right\rceil}^{n-j} 1 = \sum_{j=2}^{\left\lceil \frac{n}{2} \right\rceil} \left(j - \left\lceil \frac{j}{2} \right\rceil \right) + \sum_{j=\left\lceil \frac{n}{2} \right\rceil+1}^{\left\lfloor \frac{2n}{3} \right\rfloor} \left(n - j - \left\lceil \frac{j}{2} \right\rceil + 1 \right)$$

$$= \sum_{j=2}^{\left\lfloor \frac{n}{2} \right\rfloor} j - \sum_{j=\left\lfloor \frac{n}{2} \right\rfloor + 1}^{\left\lfloor \frac{2n}{3} \right\rfloor} j - \sum_{j=2}^{\left\lfloor \frac{2n}{3} \right\rfloor} \left\lfloor \frac{j}{2} \right\rfloor + (n+1)\left(\left\lfloor \frac{2n}{3} \right\rfloor - \left\lfloor \frac{n}{2} \right\rfloor \right)$$

$$= -1 + \frac{1}{2}\left\lfloor \frac{n}{2} \right\rfloor \left(\left\lfloor \frac{n}{2} \right\rfloor + 1 \right) - \left(\frac{1}{2}\left\lfloor \frac{2n}{3} \right\rfloor \left(\left\lfloor \frac{2n}{3} \right\rfloor + 1 \right) - \frac{1}{2}\left\lfloor \frac{n}{2} \right\rfloor \left(\left\lfloor \frac{n}{2} \right\rfloor + 1 \right) \right) - \left\lfloor \frac{1}{4}\left(\left\lfloor \frac{2n}{3} \right\rfloor + 2 \right) \left\lfloor \frac{2n}{3} \right\rfloor \right\rfloor + 1 + (n+1)\left(\left\lfloor \frac{2n}{3} \right\rfloor - \left\lfloor \frac{n}{2} \right\rfloor \right)$$

$$= \left\lfloor \frac{n}{2} \right\rfloor \left(\left\lfloor \frac{n}{2} \right\rfloor - n \right) + \frac{1}{2}\left\lfloor \frac{2n}{3} \right\rfloor \left(2n + 1 - \left\lfloor \frac{2n}{3} \right\rfloor \right) - \left\lfloor \frac{1}{4}\left(\left\lfloor \frac{2n}{3} \right\rfloor + 2 \right) \left\lfloor \frac{2n}{3} \right\rfloor \right\rfloor$$

$$= \frac{1}{2}\left\lfloor \frac{2n}{3} \right\rfloor \left(\left\lfloor \frac{n}{3} \right\rfloor + n + 1 \right) - \left\lfloor \frac{1}{4}\left\lfloor \frac{2n}{3} \right\rfloor \left(\left\lfloor \frac{2n}{3} \right\rfloor + 2 \right) \right\rfloor - \left\lfloor \frac{n}{2} \right\rfloor \left\lfloor \frac{n}{2} \right\rfloor$$

Soit également :

$$p_3(n) = \sum_{j=2}^{\left\lfloor \frac{n}{2} \right\rfloor} \sum_{k=\left\lfloor \frac{j}{2} \right\rfloor}^{j-1} 1 + \sum_{j=\left\lfloor \frac{n}{2} \right\rfloor + 1}^{\left\lfloor \frac{2n}{3} \right\rfloor} \sum_{k=\left\lfloor \frac{j}{2} \right\rfloor}^{n-j} 1$$

$$\rightarrow p_3(n) = \frac{1}{2}\left\lfloor \frac{2n}{3} \right\rfloor \left(\left\lfloor \frac{n}{3} \right\rfloor + n + 1 \right) - \left\lfloor \frac{1}{4}\left\lfloor \frac{2n}{3} \right\rfloor \left(\left\lfloor \frac{2n}{3} \right\rfloor + 2 \right) \right\rfloor - \left\lfloor \frac{n}{2} \right\rfloor \left\lfloor \frac{n}{2} \right\rfloor$$

On a entre autres utilisé les résultats suivants :

$$\sum_{j=2}^{a} \left\lfloor \frac{j}{2} \right\rfloor = \begin{cases} \displaystyle\sum_{j=1}^{\frac{a}{2}} j + \sum_{j=1}^{\frac{a}{2}-1} j = \frac{a}{2}\left(\frac{a}{2} - 1 \right) + \frac{a}{2} = \frac{a^2}{4} & \text{si } a \text{ pair} \\[2em] \displaystyle\sum_{j=1}^{\frac{a-1}{2}} j + \sum_{j=1}^{\frac{a-1}{2}} j = \frac{a-1}{2}\left(\frac{a-1}{2} + 1 \right) = \frac{a^2-1}{4} & \text{si } a \text{ impair} \end{cases} \qquad \rightarrow \sum_{j=2}^{a} \left\lfloor \frac{j}{2} \right\rfloor = \left\lfloor \frac{a^2}{4} \right\rfloor$$

$$\sum_{j=2}^{a} \left\lceil \frac{j}{2} \right\rceil = \begin{cases} \displaystyle\sum_{j=1}^{\frac{a}{2}} j + \sum_{j=1}^{\frac{a}{2}-1} (j+1) = \frac{a}{2}\left(\frac{a}{2} - 1 \right) + \frac{a}{2} + \frac{a}{2} - 1 = \frac{a^2 + 2a - 4}{4} & \text{si } a \text{ pair} \\[2em] \displaystyle\sum_{j=1}^{\frac{a-1}{2}} j + \sum_{j=1}^{\frac{a-1}{2}} (j+1) = \frac{a-1}{2}\left(\frac{a-1}{2} + 1 \right) + \frac{a-1}{2} = \frac{a^2 + 2a - 3}{4} & \text{si } a \text{ impair} \end{cases}$$

$$\rightarrow \sum_{j=2}^{a} \left\lfloor \frac{j}{2} \right\rfloor = \left\lceil \frac{a+2}{4}\, a \right\rceil - 1$$

$$\sum_{j=2}^{a} \left\lfloor \frac{3j}{2} \right\rfloor = \begin{cases} 3\sum_{j=1}^{\frac{a}{2}} j + \sum_{j=1}^{\frac{a}{2}-1}(3j+2) = 3\frac{a}{4}\left(\frac{a}{2}+1\right) + 3\frac{a}{4}\left(\frac{a}{2}-1\right) + 2\left(\frac{a}{2}-1\right) = \dfrac{3a^2+4a-8}{4} & \text{si } a \text{ pair} \\[2em] 3\sum_{j=1}^{\frac{a-1}{2}} j + \sum_{j=1}^{\frac{a-1}{2}}(3j+2) = 3\frac{a-1}{2}\left(\frac{a+1}{2}\right) + 2\frac{a-1}{2} = \dfrac{3a^2+4a-7}{4} & \text{si } a \text{ impair} \end{cases}$$

$$\rightarrow \sum_{j=2}^{a} \left\lfloor \frac{3j}{2} \right\rfloor = \left\lceil \frac{3a^2}{4} \right\rceil + a - 2$$

On vérifie nos deux formes avec :

$$5 = \begin{cases} 3+1+1 \\ 2+2+1 \end{cases} \rightarrow p_3(5) = 2$$

$$p_3(5) = \left\lfloor \frac{1}{4}\left\lceil \frac{5}{2}\right\rceil^2 \right\rfloor + \left\lceil \frac{3}{4}\left\lceil\frac{5}{2}\right\rceil^2 \right\rceil - \left\lceil \frac{3}{4}\left\lfloor\frac{10}{3}\right\rfloor^2 \right\rceil + 5\left(\left\lfloor\frac{10}{3}\right\rfloor - \left\lceil\frac{5}{2}\right\rceil\right)$$

$$= \left\lfloor \frac{3^2}{4} \right\rfloor + \left\lceil \frac{3}{4}3^2 \right\rceil - \left\lceil \frac{3}{4}3^2 \right\rceil + 5(3-3) = \left\lfloor \frac{9}{4} \right\rfloor = 2$$

Et :

$$p_3(n) = \frac{1}{2}\left\lfloor\frac{10}{3}\right\rfloor\left(\left\lceil\frac{5}{3}\right\rceil + 5 + 1\right) - \left\lceil\frac{1}{4}\left\lfloor\frac{10}{3}\right\rfloor\left(\left\lfloor\frac{10}{3}\right\rfloor + 2\right)\right\rceil - \left\lceil\frac{5}{2}\right\rceil\left\lfloor\frac{5}{2}\right\rfloor$$

$$= \frac{3}{2}(2+6) - \left\lceil\frac{3}{4}(3+2)\right\rceil - 3.2 = 2$$

Mais existe-t-il une équation plus simple ? Et bien oui ! Les deux équations précédentes de p3(n) peuvent étonnamment et effectivement se simplifier par :

$$p_3(n) = \left\lfloor \frac{n^2+6}{12} \right\rfloor$$

On a bien dans l'exemple précédent :

$$5 = \begin{cases} 3+1+1 \\ 2+2+1 \end{cases} \rightarrow p_3(5) = \left\lfloor \frac{5^2+6}{12} \right\rfloor = \left\lfloor \frac{31}{12} \right\rfloor = 2$$

Voici un tableau qui illustre le nombre de partitions sans doublons de n de trois entiers :

n	1	2	3	4	5	6	7	8	9	10	11	12	13	14	15	16	17	18	19	20
			1+1+1	2+1+1	3+1+1	4+1+1	5+1+1	6+1+1	7+1+1	8+1+1	9+1+1	10+1+1	11+1+1	12+1+1	13+1+1	14+1+1	15+1+1	16+1+1	17+1+1	18+1+1
					2+2+1	3+2+1	4+2+1	5+2+1	6+2+1	7+2+1	8+2+1	9+2+1	10+2+1	11+2+1	12+2+1	13+2+1	14+2+1	15+2+1	16+2+1	17+2+1
						2+2+2	3+3+1	4+3+1	5+3+1	6+3+1	7+3+1	8+3+1	9+3+1	10+3+1	11+3+1	12+3+1	13+3+1	14+3+1	15+3+1	16+3+1
							3+2+2	4+2+2	5+2+2	6+2+2	7+2+2	8+2+2	9+2+2	10+2+2	11+2+2	12+2+2	13+2+2	14+2+2	15+2+2	16+2+2
							3+3+2	4+4+1	5+4+1	6+4+1	7+4+1	8+4+1	9+4+1	10+4+1	11+4+1	12+4+1	13+4+1	14+4+1	15+4+1
								4+3+2	5+3+2	6+3+2	7+3+2	8+3+2	9+3+2	10+3+2	11+3+2	12+3+2	13+3+2	14+3+2	15+3+2
								3+3+3	4+4+2	5+5+1	6+5+1	7+5+1	8+5+1	9+5+1	10+5+1	11+5+1	12+5+1	13+5+1	14+5+1
									4+3+3	5+4+2	6+4+2	7+4+2	8+4+2	9+4+2	10+4+2	11+4+2	12+4+2	13+4+2	14+4+2
										5+3+3	6+3+3	7+3+3	8+3+3	9+3+3	10+3+3	11+3+3	12+3+3	13+3+3	14+3+3
										4+4+3	5+5+2	6+6+1	7+6+1	8+6+1	9+6+1	10+6+1	11+6+1	12+6+1	13+6+1
											5+4+3	6+5+2	7+5+2	8+5+2	9+5+2	10+5+2	11+5+2	12+5+2	13+5+2
											4+4+4	6+4+3	7+4+3	8+4+3	9+4+3	10+4+3	11+4+3	12+4+3	13+4+3
												5+5+3	6+6+2	7+7+1	8+7+1	9+7+1	10+7+1	11+7+1	12+7+1
3												5+4+4	6+5+3	7+6+2	8+6+2	9+6+2	10+6+2	11+6+2	12+6+2
													6+4+4	7+5+3	8+5+3	9+5+3	10+5+3	11+5+3	12+5+3
													5+5+4	7+4+4	8+4+4	9+4+4	10+4+4	11+4+4	12+4+4
														6+6+3	7+7+2	8+8+1	9+8+1	10+8+1	11+8+1
														6+5+4	7+6+3	8+7+2	9+7+2	10+7+2	11+7+2
														5+5+5	7+5+4	8+6+3	9+6+3	10+6+3	11+7+3
															6+6+4	8+5+4	9+5+4	10+5+4	11+5+4
															6+5+5	7+7+3	8+8+2	9+9+1	10+9+1
																7+6+4	8+7+3	9+8+2	10+8+2
																7+5+5	8+6+4	9+7+3	10+7+3
																6+6+5	8+5+5	9+6+4	10+6+4
																	7+7+4	9+5+5	10+5+5
																	7+6+5	8+8+3	9+9+2
																	6+6+6	8+7+4	9+8+3
																		8+6+5	9+7+4
																		7+7+5	9+6+5
																		7+6+6	8+8+4
																			8+7+5
																			8+6+6
																			7+7+6
p3(n)	0	0	1	1	2	3	4	5	7	8	10	12	14	16	19	21	24	27	30	33

6. Addition de quatre nombres

Pour uniquement la partition sans doublons sur quatre nombres, on a :

$$n = (n-j) + (j-k) + (k-x) + x \ pour \begin{cases} j = 3 \ \text{à} \ \left\lfloor \dfrac{3n}{4} \right\rfloor \\ k = \left\lfloor \dfrac{j}{2} \right\rfloor \ \text{à} \ \begin{cases} j - 2 \ si \ j \leq \left\lfloor \dfrac{n}{2} \right\rfloor \\ n - j \ si \ j > \left\lfloor \dfrac{n}{2} \right\rfloor \end{cases} \\ x = \left\lfloor \dfrac{k}{2} \right\rfloor \ \text{à} \ \begin{cases} k - 1 \ si \ j \leq \left\lfloor \dfrac{j}{2} \right\rfloor \\ j - k \ si \ j > \left\lfloor \dfrac{j}{2} \right\rfloor \end{cases} \end{cases}$$

Pour trouver ce résultat il suffit de reprendre l'addition à trois nombres. On retrouve en effet le même principe. Voici quelques explications pour bien comprendre ce principe. Le 1er nombre varie entre :

- n-3, pour débuter avec un 2nd, 3ième et 4ième nombre au minimum, à savoir 1 chacun, soit :

$$n = (n-3) + 1 + 1 + 1$$

- Et, au plus n/4 pour finir avec un 2nd, 3ième et 4ième nombre au maximum, à savoir n/4 chacun, soit :

$$n = \left\lceil \frac{n}{4} \right\rceil + \left\lfloor \frac{n}{4} \right\rfloor + \left\lceil \frac{n}{4} \right\rceil + \left\lfloor \frac{n}{4} \right\rfloor$$

On a donc, pour le 1er nombre, l'encadrement suivant :

$$n - (n-3) = 3 \leq \boldsymbol{n - j} \leq n - \left\lceil \frac{n}{4} \right\rceil = \left\lfloor \frac{3n}{4} \right\rfloor \ soit : n - 3 - \left\lfloor \frac{3n}{4} \right\rfloor + 1 = \left\lceil \frac{n}{4} \right\rceil - 2 \ éléments$$

Le 2nd nombre varie entre :

- Au plus j/2 pour débuter avec un 3ième et un 4ième nombre au maximum, à savoir au moins j/4, soit :

$$n = (n - j) + \left\lceil \frac{j}{2} \right\rceil + \left\lceil \frac{j}{4} \right\rceil + \left\lfloor \frac{j}{4} \right\rfloor$$

- Et :
  - j-2, si j est inférieur ou égal à n/2*, pour finir avec un 3ième et 4ième nombre au minimum, à savoir 1, soit :

$$n = (n - j) + (j - 2) + 1 + 1$$

  - n-j, si j est supérieur à n/2*, pour finir avec un 3ième et un 4ième nombre au minimum, à savoir j-n/2 (>0), soit :

$$n = (n - j) + (n - j) + \left(j - \left\lceil \frac{n}{2} \right\rceil\right) + \left(j - \left\lfloor \frac{n}{2} \right\rfloor\right)$$

*car au-dessus de n/2 on retrouve des valeurs déjà traitées à un rang j précédent mais dans un ordre des trois nombres différents. Par exemple : 20=8+9+2+1 n'est pas pris en compte car on a déjà inclus précédemment (pour un j inférieur) : 20=9+8+2+1 qui est la même combinaison de nombres. Ainsi, on évite tout doublon.

Le 3ième nombre varie entre :

- Au plus k/2 pour débuter avec un 4ième nombre au maximum, à savoir au moins k/2, soit :

$$n = (n - j) + (j - k) + \left\lceil \frac{k}{2} \right\rceil + \left\lfloor \frac{k}{2} \right\rfloor$$

- Et :
  - k-1, si k est inférieur ou égal à j/2*, pour finir avec un 4ième nombre au minimum, à savoir 1, soit :

$$n = (n - j) + (j - k) + (k - 1) + 1$$

- j-k, si k est supérieur à j/2*, pour finir avec un 4ième nombre au minimum, à savoir 2k-j (>0), soit :

$$n = (n - j) + (j - k) + (j - k) + (2k - j)$$

*car au-dessus de j/2 on retrouve des valeurs déjà traitées à un rang j précédent mais dans un ordre des quatre nombres différents. Par exemple : 20=9+3+7+1 n'est pas pris en compte car on a déjà inclus précédemment (pour un j inférieur) : 20=9+7+3+1 qui est la même combinaison de nombres. Ainsi, on évite tout doublon.

On peut maintenant procéder au calcul du nombre de partitions à quatre nombres sans doublons comme suit :

$$p_4(n) = \sum_{j=3}^{\left\lfloor \frac{n}{2} \right\rfloor} \left(\sum_{k=\left\lfloor \frac{j}{2} \right\rfloor}^{\left\lfloor \frac{j}{2} \right\rfloor} \sum_{x=\left\lceil \frac{k}{2} \right\rceil}^{k-1} 1 + \sum_{k=\left\lfloor \frac{j}{2} \right\rfloor+1}^{j-2} \sum_{x=\left\lceil \frac{k}{2} \right\rceil}^{j-k} 1 \right) + \sum_{j=\left\lfloor \frac{n}{2} \right\rfloor+1}^{\left\lfloor \frac{3n}{4} \right\rfloor} \left(\sum_{k=\left\lfloor \frac{j}{2} \right\rfloor}^{\left\lfloor \frac{j}{2} \right\rfloor} \sum_{x=\left\lceil \frac{k}{2} \right\rceil}^{k-1} 1 + \sum_{k=\left\lfloor \frac{j}{2} \right\rfloor+1}^{n-j} \sum_{x=\left\lceil \frac{k}{2} \right\rceil}^{j-k} 1 \right)$$

$$= \sum_{j=3}^{\left\lfloor \frac{n}{2} \right\rfloor} \left(\left\lfloor \frac{j}{2} \right\rfloor - \left\lceil \frac{1}{2} \left\lfloor \frac{j}{2} \right\rfloor \right\rceil + \sum_{k=\left\lfloor \frac{j}{2} \right\rfloor+1}^{j-2} \left(j - k - \left\lceil \frac{k}{2} \right\rceil - 1 \right) \right) + \sum_{j=\left\lfloor \frac{n}{2} \right\rfloor+1}^{\left\lfloor \frac{3n}{4} \right\rfloor} \left(\left\lfloor \frac{j}{2} \right\rfloor - \left\lceil \frac{1}{2} \left\lfloor \frac{j}{2} \right\rfloor \right\rceil + \sum_{k=\left\lfloor \frac{j}{2} \right\rfloor+1}^{n-j} \left(j - k - \left\lceil \frac{k}{2} \right\rceil - 1 \right) \right)$$

$$= \sum_{j=3}^{\left\lfloor \frac{n}{2} \right\rfloor} \left(\left\lfloor \frac{j}{2} \right\rfloor - \left\lceil \frac{1}{2} \left\lfloor \frac{j}{2} \right\rfloor \right\rceil + (j-1)\left(j - 2 - \left\lfloor \frac{j}{2} \right\rfloor \right) - \sum_{k=\left\lfloor \frac{j}{2} \right\rfloor+1}^{j-2} \left\lceil \frac{3k}{2} \right\rceil \right) + \sum_{j=\left\lfloor \frac{n}{2} \right\rfloor+1}^{\left\lfloor \frac{3n}{4} \right\rfloor} \left(\left\lfloor \frac{j}{2} \right\rfloor - \left\lceil \frac{1}{2} \left\lfloor \frac{j}{2} \right\rfloor \right\rceil + (j-1)\left(n - j - \left\lfloor \frac{j}{2} \right\rfloor \right) - \sum_{k=\left\lfloor \frac{j}{2} \right\rfloor+1}^{n-j} \left\lceil \frac{3k}{2} \right\rceil \right)$$

$$= \sum_{j=3}^{\left\lfloor \frac{n}{2} \right\rfloor} \left((j-2)\left(j - 1 - \left\lfloor \frac{j}{2} \right\rfloor \right) - \left\lceil \frac{1}{2} \left\lfloor \frac{j}{2} \right\rfloor \right\rceil - \left\lceil \frac{3(j-2)^2}{4} \right\rceil - (j-2) + \left\lceil \frac{3}{4} \left\lfloor \frac{j}{2} \right\rfloor^2 \right\rceil + \left\lfloor \frac{j}{2} \right\rfloor \right) + \sum_{j=\left\lfloor \frac{n}{2} \right\rfloor+1}^{\left\lfloor \frac{3n}{4} \right\rfloor} \left((j-1)(n-j) - (j-2)\left\lfloor \frac{j}{2} \right\rfloor - \left\lceil \frac{1}{2} \left\lfloor \frac{j}{2} \right\rfloor \right\rceil - \left\lceil \frac{3(n-j)^2}{4} \right\rceil - (n-j) + \left\lceil \frac{3}{4} \left\lfloor \frac{j}{2} \right\rfloor^2 \right\rceil + \left\lfloor \frac{j}{2} \right\rfloor \right)$$

$$= \sum_{j=3}^{\left\lfloor \frac{n}{2} \right\rfloor} \left(j^2 + \left\lceil \frac{3}{4} \left\lfloor \frac{j}{2} \right\rfloor^2 \right\rceil - \left\lceil \frac{3j^2}{4} \right\rceil - (j-3)\left\lfloor \frac{j}{2} \right\rfloor - 6j - \left\lceil \frac{1}{2} \left\lfloor \frac{j}{2} \right\rfloor \right\rceil + 5 \right) + \sum_{j=\left\lfloor \frac{n}{2} \right\rfloor+1}^{\left\lfloor \frac{3n}{4} \right\rfloor} \left(-j^2 + \left\lceil \frac{3}{4} \left\lfloor \frac{j}{2} \right\rfloor^2 \right\rceil - \left\lceil \frac{3(n-j)^2}{4} \right\rceil - (j-3)\left\lfloor \frac{j}{2} \right\rfloor + (n+2)j - \left\lceil \frac{1}{2} \left\lfloor \frac{j}{2} \right\rfloor \right\rceil - 2n \right)$$

Pour pouvoir développer ces sommes, on calcule préalablement les sommes intermédiaires suivantes :

$$\sum_{j=3}^{a} j^2 = \sum_{j=1}^{a} j^2 - \sum_{j=1}^{2} j^2 = \frac{n(n+1)(2n+1)}{6} - 5$$

$$\sum_{j=3}^{a}\left\lceil\frac{3}{4}\left\lfloor\frac{j}{2}\right\rfloor^2\right\rceil = \sum_{j=0}^{a}\left\lceil\frac{3}{4}\left\lfloor\frac{j}{2}\right\rfloor^2\right\rceil - \sum_{j=0}^{2}\left\lceil\frac{3}{4}\left\lfloor\frac{j}{2}\right\rfloor^2\right\rceil = -1 + \sum_{j=0}^{a}\left\lceil\frac{3}{4}\left\lfloor\frac{j}{2}\right\rfloor^2\right\rceil = -1 + 2\sum_{j=0}^{\left\lfloor\frac{a}{2}\right\rfloor}\left\lceil\frac{3}{4}j^2\right\rceil$$

$$= -1 + \sum_{j=0}^{\left\lfloor\frac{1}{2}\left\lfloor\frac{a}{2}\right\rfloor\right\rfloor}3j^2 + \sum_{j=0}^{\left\lfloor\frac{1}{2}\left\lfloor\frac{a}{2}\right\rfloor\right\rfloor}(3j^2 + 3j + 1)$$

$$= -1 + 6\sum_{j=0}^{\left\lfloor\frac{1}{2}\left\lfloor\frac{a}{2}\right\rfloor\right\rfloor}j^2 + \frac{3}{2}\left\lfloor\frac{1}{2}\left\lfloor\frac{a}{2}\right\rfloor\right\rfloor\left(\left\lfloor\frac{1}{2}\left\lfloor\frac{a}{2}\right\rfloor\right\rfloor + 1\right) + \left\lfloor\frac{1}{2}\left\lfloor\frac{a}{2}\right\rfloor\right\rfloor + 1 = \left(1 + 2\left\lfloor\frac{1}{2}\left\lfloor\frac{a}{2}\right\rfloor\right\rfloor^2 + \frac{5}{2}\left\lfloor\frac{1}{2}\left\lfloor\frac{a}{2}\right\rfloor\right\rfloor\right)\left(\left\lfloor\frac{1}{2}\left\lfloor\frac{a}{2}\right\rfloor\right\rfloor + 1\right) - 1$$

$$\sum_{j=3}^{a}\left\lceil\frac{3j^2}{4}\right\rceil = \sum_{j=0}^{a}\left\lceil\frac{3j^2}{4}\right\rceil - \sum_{j=0}^{2}\left\lceil\frac{3j^2}{4}\right\rceil = -4 + \sum_{j=0}^{a}\left\lceil\frac{3j^2}{4}\right\rceil = -4 + \sum_{j=0}^{\left\lfloor\frac{a}{2}\right\rfloor}3j^2 + \sum_{j=0}^{\left\lfloor\frac{a}{2}\right\rfloor}(3j^2 + 3j + 1)$$

$$= -4 + 6\sum_{j=0}^{\left\lfloor\frac{a}{2}\right\rfloor}j^2 + \frac{3}{2}\left\lfloor\frac{a}{2}\right\rfloor\left(\left\lfloor\frac{a}{2}\right\rfloor + 1\right) + \left\lfloor\frac{a}{2}\right\rfloor + 1 = \left(2\left\lfloor\frac{a}{2}\right\rfloor^2 + \frac{5}{2}\left\lfloor\frac{a}{2}\right\rfloor + 1\right)\left(\left\lfloor\frac{a}{2}\right\rfloor + 1\right) - 4$$

$$\sum_{j=3}^{a}\left\lceil\frac{1}{2}\left\lfloor\frac{j}{2}\right\rfloor\right\rceil = \sum_{j=0}^{a}\left\lceil\frac{1}{2}\left\lfloor\frac{j}{2}\right\rfloor\right\rceil - \sum_{j=0}^{2}\left\lceil\frac{1}{2}\left\lfloor\frac{j}{2}\right\rfloor\right\rceil = -1 + 2\sum_{j=0}^{\left\lfloor\frac{a}{2}\right\rfloor}\left\lceil\frac{j}{2}\right\rceil = -1 + 2\sum_{j=0}^{\left\lfloor\frac{1}{2}\left\lfloor\frac{a}{2}\right\rfloor\right\rfloor}j + 2\sum_{j=0}^{\left\lfloor\frac{1}{2}\left\lfloor\frac{a}{2}\right\rfloor\right\rfloor}(j + 1)$$

$$= -1 + 4\sum_{j=0}^{\left\lfloor\frac{1}{2}\left\lfloor\frac{a}{2}\right\rfloor\right\rfloor}j + 2\left(\left\lfloor\frac{1}{2}\left\lfloor\frac{a}{2}\right\rfloor\right\rfloor + 1\right) = 2\left(\left\lfloor\frac{1}{2}\left\lfloor\frac{a}{2}\right\rfloor\right\rfloor + 1\right)^2 - 1$$

$$\sum_{j=3}^{a}j\left\lfloor\frac{j}{2}\right\rfloor = \sum_{j=1}^{a}j\left\lfloor\frac{j}{2}\right\rfloor - \sum_{j=1}^{2}j\left\lfloor\frac{j}{2}\right\rfloor = \sum_{j=1}^{a}j\left\lfloor\frac{j}{2}\right\rfloor - 2 = -2 + \sum_{j=0}^{\left\lfloor\frac{a}{2}\right\rfloor}2j^2 + \sum_{j=0}^{\left\lfloor\frac{a}{2}\right\rfloor}(2j + 1)j$$

$$= -2 + \frac{4}{6}\left\lfloor\frac{a}{2}\right\rfloor\left(\left\lfloor\frac{a}{2}\right\rfloor + 1\right)\left(2\left\lfloor\frac{a}{2}\right\rfloor + 1\right) + \frac{1}{2}\left\lfloor\frac{a}{2}\right\rfloor\left(\left\lfloor\frac{a}{2}\right\rfloor + 1\right) = \frac{1}{6}\left\lfloor\frac{a}{2}\right\rfloor\left(\left\lfloor\frac{a}{2}\right\rfloor + 1\right)\left(8\left\lfloor\frac{a}{2}\right\rfloor + 7\right) - 2$$

On a donc :

$$p_4(n) = \sum_{j=3}^{\left\lfloor\frac{n}{2}\right\rfloor}\left(j^2 + \left\lceil\frac{3}{4}\left\lfloor\frac{j}{2}\right\rfloor^2\right\rceil - \left\lceil\frac{3j^2}{4}\right\rceil - (j - 3)\left\lfloor\frac{j}{2}\right\rfloor - 6j - \left\lceil\frac{1}{2}\left\lfloor\frac{j}{2}\right\rfloor\right\rceil + 5\right) + \sum_{j=\left\lfloor\frac{n}{2}\right\rfloor+1}^{\left\lfloor\frac{3n}{4}\right\rfloor}\left(-j^2 + \left\lceil\frac{3}{4}\left\lfloor\frac{j}{2}\right\rfloor^2\right\rceil - \left\lceil\frac{3(n - j)^2}{4}\right\rceil - (j - 3)\left\lfloor\frac{j}{2}\right\rfloor + (n + 2)j - \left\lceil\frac{1}{2}\left\lfloor\frac{j}{2}\right\rfloor\right\rceil - 2n\right)$$

Soit :

$$p_4(n) = \sum_{j=3}^{\left\lfloor\frac{n}{2}\right\rfloor}\left(\sum_{k=\left\lfloor\frac{j}{2}\right\rfloor}^{\left\lfloor\frac{j}{2}\right\rfloor}\sum_{x=\left\lceil\frac{k}{2}\right\rceil}^{k-1}1 + \sum_{k=\left\lfloor\frac{j}{2}\right\rfloor+1}^{j-2}\sum_{x=\left\lceil\frac{k}{2}\right\rceil}^{j-k}1\right) + \sum_{j=\left\lfloor\frac{n}{2}\right\rfloor+1}^{\left\lfloor\frac{3n}{4}\right\rfloor}\left(\sum_{k=\left\lfloor\frac{j}{2}\right\rfloor}^{\left\lfloor\frac{j}{2}\right\rfloor}\sum_{x=\left\lceil\frac{k}{2}\right\rceil}^{k-1}1 + \sum_{k=\left\lfloor\frac{j}{2}\right\rfloor+1}^{n-j}\sum_{x=\left\lceil\frac{k}{2}\right\rceil}^{j-k}1\right)$$

On a entre autres utilisé les résultats suivants :

$$\sum_{j=2}^{a}\left\lfloor\frac{j}{2}\right\rfloor = \begin{cases} \displaystyle\sum_{j=1}^{\frac{a}{2}}j + \sum_{j=1}^{\frac{a}{2}-1}j = \frac{a}{2}\left(\frac{a}{2}-1\right) + \frac{a}{2} = \frac{a^2}{4} & si\ a\ pair \\[2em] \displaystyle\sum_{j=1}^{\frac{a-1}{2}}j + \sum_{j=1}^{\frac{a-1}{2}}j = \frac{a-1}{2}\left(\frac{a-1}{2}+1\right) = \frac{a^2-1}{4} & si\ a\ impair \end{cases} \quad\rightarrow\quad \sum_{j=2}^{a}\left\lfloor\frac{j}{2}\right\rfloor = \left\lfloor\frac{a^2}{4}\right\rfloor$$

$$\sum_{j=2}^{a}\left\lceil\frac{j}{2}\right\rceil = \begin{cases} \displaystyle\sum_{j=1}^{\frac{a}{2}}j + \sum_{j=1}^{\frac{a}{2}-1}(j+1) = \frac{a}{2}\left(\frac{a}{2}-1\right) + \frac{a}{2} + \frac{a}{2} - 1 = \frac{a^2+2a-4}{4} & si\ a\ pair \\[2em] \displaystyle\sum_{j=1}^{\frac{a-1}{2}}j + \sum_{j=1}^{\frac{a-1}{2}}(j+1) = \frac{a-1}{2}\left(\frac{a-1}{2}+1\right) + \frac{a-1}{2} = \frac{a^2+2a-3}{4} & si\ a\ impair \end{cases}$$

$$\rightarrow\quad \sum_{j=2}^{a}\left\lceil\frac{j}{2}\right\rceil = \left\lceil\frac{a+2}{4}a\right\rceil - 1$$

$$\sum_{j=2}^{a}\left\lceil\frac{3j}{2}\right\rceil = \begin{cases} \displaystyle 3\sum_{j=1}^{\frac{a}{2}}j + \sum_{j=1}^{\frac{a}{2}-1}(3j+2) = 3\frac{a}{4}\left(\frac{a}{2}+1\right) + 3\frac{a}{4}\left(\frac{a}{2}-1\right) + 2\left(\frac{a}{2}-1\right) = \frac{3a^2+4a-8}{4} & si\ a\ pair \\[2em] \displaystyle 3\sum_{j=1}^{\frac{a-1}{2}}j + \sum_{j=1}^{\frac{a-1}{2}}(3j+2) = 3\frac{a-1}{2}\left(\frac{a+1}{2}\right) + 2\frac{a-1}{2} = \frac{3a^2+4a-7}{4} & si\ a\ impair \end{cases}$$

$$\rightarrow \sum_{j=2}^{a} \left\lceil \frac{3j}{2} \right\rceil = \left\lceil \frac{3a^2}{4} \right\rceil + a - 2$$

On vérifie ce résultat par un exemple avec :

$$5 = 2 + 1 + 1 + 1 \rightarrow p_4(5) = 1$$
$$p_4(5) = \cdots = 2$$

7. Addition de n nombres

On voit bien que les formes à 2, 3 et 4 nombres sont les mêmes. Elles se complexifient par une somme avec un exposant croissant. Voici les formes précédentes dans un format condensé :

$$p_1(n) = \sum_{j=1}^{1} 1 = 1$$

$$p_2(n) = \sum_{j=1}^{\left\lfloor \frac{n}{2} \right\rfloor} 1 = \left\lfloor \frac{n}{2} \right\rfloor$$

$$p_3(n) = \sum_{j=2}^{\left\lfloor \frac{2n}{3} \right\rfloor} \sum_{k=\left\lceil \frac{j}{2} \right\rceil}^{\substack{j-1 \; si \; k \leq \left\lceil \frac{n}{2} \right\rceil \\ n-j \; si \; k > \left\lceil \frac{n}{2} \right\rceil}} 1$$

$$p_4(n) = \sum_{j=3}^{\left\lfloor \frac{3n}{4} \right\rfloor} \sum_{k=\left\lfloor \frac{j}{2} \right\rfloor}^{\substack{j-2 \; si \; k \leq \left\lfloor \frac{n}{2} \right\rfloor \\ n-j \; si \; k > \left\lfloor \frac{n}{2} \right\rfloor}} \sum_{x=\left\lceil \frac{k}{2} \right\rceil}^{\substack{k-1 \; si \; si \; x \leq \left\lfloor \frac{j}{2} \right\rfloor \\ j-k \; si \; x > \left\lfloor \frac{j}{2} \right\rfloor}} 1$$

$$\ldots$$

$$p_{n-3}(n) = 3$$
$$car \; n = 4 + 1 + \underbrace{1 + 1 + 1 + \cdots + 1}_{n-5 \, fois} = 3 + 2 + \underbrace{1 + 1 + 1 + \cdots + 1}_{n-5 \, fois}$$
$$= 2 + 2 + 2 + \underbrace{1 + 1 + 1 + \cdots + 1}_{n-6 \, fois}$$

$$p_{n-2}(n) = 2$$
$$car \; n = 3 + 1 + \underbrace{1 + 1 + 1 + \cdots + 1}_{n-4 \, fois} = 2 + 2 + \underbrace{1 + 1 + 1 + \cdots + 1}_{n-4 \, fois}$$

$$p_{n-1}(n) = 1 \; car \; n = 2 + \underbrace{1 + 1 + 1 + \cdots + 1}_{n-2 \, fois}$$

$$p_n(n) = 1 \; car \; n = \underbrace{1 + 1 + 1 + \cdots + 1}_{n \, fois}$$

Ainsi, on a la forme générale suivante :

$$p_i(n) = \sum_{j_1=i-1}^{\left\lfloor\frac{(i-1)n}{i}\right\rfloor} \sum_{j_2=\left\lfloor\frac{j_1}{2}\right\rfloor}^{\substack{j_1-(i-2)\ si\ j_2\leq\left\lfloor\frac{n}{2}\right\rfloor \\ n-j_1\ si\ j_2>\left\lfloor\frac{n}{2}\right\rfloor}} \sum_{j_3=\left\lceil\frac{j_2}{2}\right\rceil}^{\substack{j_2-(i-3)\ si\ j_3\leq\left\lfloor\frac{j_1}{2}\right\rfloor \\ j_1-j_2\ si\ j_3>\left\lfloor\frac{j_1}{2}\right\rfloor}} \cdots \underbrace{\sum_{j_{i-1}=\left\lceil\frac{j_{i-2}}{2}\right\rceil}^{\substack{j_{i-2}-1\ si\ j_{i-1}\leq\left\lfloor\frac{j_{i-3}}{2}\right\rfloor \\ j_{i-3}-j_{i-2}\ si\ j_{i-1}>\left\lfloor\frac{j_{i-3}}{2}\right\rfloor}}}_{i-1\ sommes} 1$$

8. Nombre total de partitions entières de n sans doublons

Le nombre total de partitions entières de n sans doublons corresponds à la somme des p(n) décrites dans le chapitre précédent. On a donc :

$$p(n) = \sum_{i=1}^{+\infty} p_i(n) = \sum_{i=1}^{n} p_i(n)$$

$$= \sum_{i=1}^{n} \sum_{j_1=n-1}^{\left\lfloor \frac{(n-1)n}{n} \right\rfloor} \sum_{j_2=\left\lfloor \frac{j_1}{2} \right\rfloor}^{\substack{j_1-(n-2)\ si\ j_2\leq\left\lfloor \frac{n}{2} \right\rfloor \\ n-j_1\ si\ j_2>\left\lfloor \frac{n}{2} \right\rfloor}} \sum_{j_3=\left\lceil \frac{j_2}{2} \right\rceil}^{\substack{j_2-(i-3)\ si\ j_3\leq\left\lfloor \frac{j_1}{2} \right\rfloor \\ j_1-j_2\ si\ j_3>\left\lfloor \frac{j_1}{2} \right\rfloor}} \cdots \underbrace{\sum_{j_{i-1}=\left\lceil \frac{j_{i-2}}{2} \right\rceil}^{\substack{j_{i-2}-1\ si\ j_{i-1}\leq\left\lfloor \frac{j_{i-3}}{2} \right\rfloor \\ j_{i-3}-j_{i-2}\ si\ j_{i-1}>\left\lfloor \frac{j_{i-3}}{2} \right\rfloor}} 1}_{n-1\ sommes}$$

On peut si on le souhaite avoir une équation plus détaillée en reprenant nos résultats du chapitre précédent. Il vient :

$$p(n) = 1 + \left\lfloor \frac{n}{2} \right\rfloor + \sum_{i=3}^{n-4} p_j(n) + 3 + 2 + 1 + 1$$

$$= 8 + \left\lfloor \frac{n}{2} \right\rfloor + \sum_{i=3}^{n-4} \sum_{j_1=n-1}^{\left\lfloor \frac{(n-1)n}{n} \right\rfloor} \sum_{j_2=\left\lfloor \frac{j_1}{2} \right\rfloor}^{\substack{j_1-(n-2)\ si\ j_2\leq\left\lfloor \frac{n}{2} \right\rfloor \\ n-j_1\ si\ j_2>\left\lfloor \frac{n}{2} \right\rfloor}} \sum_{j_3=\left\lceil \frac{j_2}{2} \right\rceil}^{\substack{j_2-(i-3)\ si\ j_3\leq\left\lfloor \frac{j_1}{2} \right\rfloor \\ j_1-j_2\ si\ j_3>\left\lfloor \frac{j_1}{2} \right\rfloor}} \cdots \underbrace{\sum_{j_{i-1}=\left\lceil \frac{j_{i-2}}{2} \right\rceil}^{\substack{j_{i-2}-1\ si\ j_{i-1}\leq\left\lfloor \frac{j_{i-3}}{2} \right\rfloor \\ j_{i-3}-j_{i-2}\ si\ j_{i-1}>\left\lfloor \frac{j_{i-3}}{2} \right\rfloor}} 1}_{n-1\ sommes}$$

$$\cdots$$

4. Formulations connues

D'autres formulations très efficaces existent. L'objet de ce document n'est pas de vous les prouver mais bel et bien de vous les présenter à titre d'information complémentaire. Veuillez donc accepter qu'elles sont justes et déjà prouvées depuis des années d'ailleurs. En voici donc quelques-unes des plus connues et utilisées pour le calcul des partitions de n (sans doublons).

1. Equations récurrentes de p(n)

Formule exacte d'**Euler** liée aux nombres pentagonaux :

$$p(n) = \sum_{k=1}^{+\infty} (-1)^{k+1} p\left(n - \frac{(3k \pm 1)k}{2}\right) \text{ pour } n - \frac{(3k \pm 1)k}{2} \geq 0$$

$$\rightarrow \begin{cases} 1 \leq k \leq \dfrac{-1 + \sqrt{1 + 24n}}{6} \text{ pour } (3k + 1)k - 2n \leq 0 \rightarrow n \geq 2 \\[4mm] 1 \leq k \leq \dfrac{1 + \sqrt{1 + 24n}}{6} \text{ pour } (3k - 1)k - 2n \leq 0 \rightarrow n \geq 1 \end{cases}$$

D'où :

$$p(n) = \sum_{k=1}^{\left\lfloor \frac{1+\sqrt{1+24n}}{6} \right\rfloor} (-1)^{k+1} p\left(n - \frac{(3k - 1)k}{2}\right) + \sum_{k=1}^{\left\lfloor \frac{-1+\sqrt{1+24n}}{6} \right\rfloor} (-1)^{k+1} p\left(n - \frac{(3k + 1)k}{2}\right)$$

Par exemple :

$$p(5) = \sum_{k=1}^{2} (-1)^{k+1} p\left(5 - \frac{(3k - 1)k}{2}\right) + \sum_{k=1}^{1} (-1)^{k+1} p\left(5 - \frac{(3k + 1)k}{2}\right)$$
$$= p(5 - 1) - p(5 - 5) + p(5 - 2) = p(4) - p(0) + p(3)$$
$$= \sum_{k=1}^{1} (-1)^{k+1} p\left(4 - \frac{(3k-1)k}{2}\right) + \sum_{k=1}^{1} (-1)^{k+1} p\left(4 - \frac{(3k+1)k}{2}\right) - 1 + \sum_{k=1}^{1} (-1)^{k+1} p\left(3 - \frac{(3k-1)k}{2}\right) + \sum_{k=1}^{1} (-1)^{k+1} p\left(3 - \frac{(3k+1)k}{2}\right)$$
$$= p(4 - 1) + p(4 - 2) - 1 + p(3 - 1) + p(3 - 2) = p(3) + p(2) - 1 + p(2) + p(1)$$
$$= p(3) + 2p(2) = p(3 - 1) + p(3 - 2) + 2p(2) = 1 + 3p(2)$$
$$= 1 + 3\left(\sum_{k=1}^{1} (-1)^{k+1} p\left(2 - \frac{(3k - 1)k}{2}\right) + \sum_{k=1}^{1} (-1)^{k+1} p\left(2 - \frac{(3k + 1)k}{2}\right)\right)$$
$$= 1 + 3\big(p(2 - 1) + p(2 - 2)\big) = 1 + 3\big(p(1) + p(0)\big) = 1 + 3(1 + 1) = 7$$

Cette formule récurrente est fiable mais très lente puisqu'il faut calculer un bon nombre de partitions inférieures à n.

Nombre de partitions par récurrence :

$$p_k(n) = \sum_{i=1}^{k} p_i(n-k) \ avec \ k \leq n-k \to k \leq \frac{n}{2}$$

On peut voir cela dans le triangle suivant :

n \ k	1	2	3	4	5	6	7	8	9	10	11	12	13	14	15	16	17	18	19	20	p(n)
0	1																				1
1	1																				1
2	1	1																			2
3	1	1	1																		3
4	1	2	1	1																	5
5	1	2	2	1	1																7
6	1	3	3	2	1	1															11
7	1	3	4	3	2	1	1														15
8	1	4	5	5	3	2	1	1													22
9	1	4	7	6	5	3	2	1	1												30
10	1	5	8	9	7	5	3	2	1	1											42
11	1	5	10	11	10	7	5	3	2	1	1										56
12	1	6	12	15	13	11	7	5	3	2	1	1									77
13	1	6	14	18	18	14	11	7	5	3	2	1	1								101
14	1	7	16	23	23	20	15	11	7	5	3	2	1	1							135
15	1	7	19	27	30	26	21	15	11	7	5	3	2	1	1						176
16	1	8	21	34	37	35	28	22	15	11	7	5	3	2	1	1					231
17	1	8	24	39	47	44	38	29	22	15	11	7	5	3	2	1	1				297
18	1	9	27	47	57	58	49	40	30	22	15	11	7	5	3	2	1	1			385
19	1	9	30	54	70	71	65	52	41	30	22	15	11	7	5	3	2	1	1		490
20	1	10	33	64	84	90	82	70	54	42	30	22	15	11	7	5	3	2	1	1	627

On remarque que l'on peut tronquer la somme pour les lignes au-dessus de la moitié de n, puisque toutes les cases vides à droite des lignes sont des valeurs nulles.

On pose donc :

$$p_k(n) = \begin{cases} \displaystyle\sum_{i=1}^{k} p_i(n-k) \ si \ k \leq \dfrac{n}{2} \\ \displaystyle\sum_{i=1}^{n-k} p_i(n-k) \ si \ k > \dfrac{n}{2} \end{cases}$$

Et comme :

$$p_1(n) = p_n(n) = 1 = p_1(0)$$

On a finalement :

$$p(n) = \sum_{k=1}^{n} p_k(n) = 1 + \sum_{k=1}^{\left\lfloor\frac{n}{2}\right\rfloor} \sum_{i=1}^{k} p_i(n-k) + \sum_{k=\left\lfloor\frac{n}{2}\right\rfloor+1}^{n-1} \sum_{i=1}^{n-k} p_i(n-k)$$

Par exemple pour n=5, on obtient :

$$p_1(5) = p_1(4) = 1$$
$$p_2(5) = p_1(3) + p_2(3) = 1 + p_1(2) = 1 + 1 = 2$$
$$p_3(5) = p_1(2) + p_2(2) = 1 + 1 = 2$$
$$p_4(5) = p_1(1) = 1$$
$$p_5(5) = p_1(0) = 1$$

D'où :

$$p(5) = p_1(5) + p_2(5) + p_3(5) + p_4(5) + p_5(5) = 1 + 2 + 2 + 1 + 1 = 7$$

Et il existe bien 7 partitions de 5 :

$$5$$
$$4 + 1$$
$$3 + 2$$
$$3 + 1 + 1$$
$$2 + 2 + 1$$
$$2 + 1 + 1 + 1$$
$$1 + 1 + 1 + 1 + 1$$

Autre récurrence pour le calcul du nombre de partitions de n :

$$p_k(n) = p_{k-1}(n-1) + p_k(n-k)$$

$$p(n) = \sum_{k=1}^{n} p_k(n) = \sum_{k=1}^{n} \left(p_{k-1}(n-1) + p_k(n-k) \right)$$

Pour comprendre visuellement ce résultat regardons de nouveau le triangle :

n \ k	1	2	3	4	5	6	7	8	9	10	11	12	13	14	15	16	17	18	19	20	p(n)
0	1																				1
1	1																				1
2	1	1																			2
3	1	1	1																		3
4	1	2	1	1																	5
5	1	2	2	1	1																7
6	1	3	3	2	1	1															11
7	1	3	4	3	2	1	1														15
8	1	4	5	5	3	2	1	1													22
9	1	4	7	6	5	3	2	1	1												30
10	1	5	8	9	7	5	3	2	1	1											42
11	1	5	10	11	10	7	5	3	2	1	1										56
12	1	6	12	15	13	11	7	5	3	2	1	1									77
13	1	6	14	18	18	14	11	7	5	3	2	1	1								101
14	1	7	16	23	23	20	15	11	7	5	3	2	1	1							135
15	1	7	19	27	30	26	21	15	11	7	5	3	2	1	1						176
16	1	8	21	34	37	35	28	22	15	11	7	5	3	2	1	1					231
17	1	8	24	39	47	44	38	29	22	15	11	7	5	3	2	1	1				297
18	1	9	27	47	57	58	49	40	30	22	15	11	7	5	3	2	1	1			385
19	1	9	30	54	70	71	65	52	41	30	22	15	11	7	5	3	2	1	1		490
20	1	10	33	64	84	90	82	70	54	42	30	22	15	11	7	5	3	2	1	1	627

Par exemple, on a bien :

$$En\ bleu : p_5(17) = 47 = p_4(16) + p_5(17 - 4) = 34 + 13$$
$$En\ vert : p_8(16) = 22 = p_7(15) + p_8(16 - 8) = 21 + 1$$
$$En\ jaune : p_{12}(19) = 15 = p_{11}(7) + p_{12}(19 - 12) = 15 + 0$$

On en déduit d'ailleurs que :

$$p_k(n-k) = 0 \; si \; n-k < k \; \to \; p_k(n) = p_{k-1}(n-1) \; ssi \; k > \frac{n}{2}$$

Et sachant que :

$$p_0(n) = 0$$

$$\underbrace{p_1(n)}_{n} = \underbrace{p_n(n)}_{\substack{1+1+\cdots+1 \\ n\,fois}} = \underbrace{p_{n-1}(n)}_{\substack{2+1+1+\cdots+1 \\ n-2\,fois}} = 1$$

$$\underbrace{p_{n-2}(n)}_{\substack{2+2+\underbrace{1+1+\cdots+1}_{n-4\,fois} \\ 3+1+\underbrace{1+1+\cdots+1}_{n-4\,fois}}} = 2$$

D'où :

$$p(n) = \sum_{k=1}^{n} p_k(n) = \sum_{k=1}^{\lfloor\frac{n}{2}\rfloor} \left(p_{k-1}(n-1) + p_k(n-k)\right) + \sum_{k=\lfloor\frac{n}{2}\rfloor+1}^{n} p_{k-1}(n-1)$$

$$= \sum_{k=1}^{\lfloor\frac{n}{2}\rfloor} p_k(n-k) + \sum_{k=1}^{n} p_{k-1}(n-1) = 3 + \sum_{k=2}^{\lfloor\frac{n}{2}\rfloor} p_k(n-k) + \sum_{k=3}^{n-1} p_{k-1}(n-1)$$

Soit :

$$\to p(n) = 3 + \sum_{k=2}^{\lfloor\frac{n}{2}\rfloor} p_k(n-k) + \sum_{k=3}^{n-1} p_{k-1}(n-1) \; si \; n > 2$$

$$\to p(n) = 5 + \sum_{k=2}^{\lfloor\frac{n}{2}\rfloor} p_k(n-k) + \sum_{k=3}^{n-2} p_{k-1}(n-1) \; si \; n > 5$$

Par exemple avec n=5, on obtient :

$$p(5) = 7 = 2 + \sum_{k=2}^{2} p_k(5-k) + \sum_{k=3}^{4} p_{k-1}(5-1) = 3 + p_2(5-2) + p_2(4) + p_3(4)$$

$$= 3 + \underbrace{p_2(3)}_{2+1} + \underbrace{p_2(4)}_{\substack{2+2 \\ 3+1}} + \underbrace{p_3(4)}_{2+1+1} = 3 + 1 + 2 + 1 = 7$$

2. Equations d'approximation de p(n)

Formule d'approximation de **Hardy et Ramanujan** :

$$p(n) \approx \frac{1}{4n\sqrt{3}} e^{\pi\sqrt{\frac{2n}{3}}}$$

Par exemple avec n=5 on obtient :

$$p(5) = 7 \approx \frac{1}{20\sqrt{3}} e^{\pi\sqrt{\frac{10}{3}}} = 8,94\ldots : \textit{erreur de moins de 28\%}$$

Cette équation simple à calculer donne une première approximation acceptable du nombre de partitions de n.

Formule d'approximation de **Siegel** :

$$p(n) \approx \frac{2\sqrt{3}}{24n - 1}\left(1 - \frac{6}{\pi\sqrt{24n - 1}}\right) e^{\frac{\pi\sqrt{24n-1}}{6}}$$

Par exemple avec n=5 on obtient :

$$p(5) = 7 \approx \frac{2\sqrt{3}}{119}\left(1 - \frac{6}{\pi\sqrt{119}}\right) e^{\frac{\pi\sqrt{119}}{6}} = 7,26\ldots : \textit{erreur de moins de 4\%}$$

Cette équation est très utile car très rapide à calculer et de plus en plus proche de la valeur réelle du nombre de partitions de n.

5. Conclusion

Le nombre de partitions d'un nombre n'est finalement pas si évident à connaître simplement. Différentes approches permettent néanmoins d'obtenir assez rapidement une réponse. En revanche, les méthodes employées et les résultats proposées sont encore loin d'être satisfaisants. Il reste encore un chemin à entreprendre pour trouver des formulations directes. Encore faut-il espérer qu'elles existent. Nous avons essayé ici de parcourir différentes façon de partitionner un nombre. Il en existe encore d'autres. Nous sommes convaincus qu'un jour, les chercheurs trouveront une façon universelle et rapide de partitionner un nombre en temps polynômial. Mais cela pourrait prendre un siècle au vue des difficultés mathématiques actuelles. Il est cependant merveilleux d'observer jusqu'à maintenant ce qu'a permis l'esprit humain sur ce type de problème délicat. Nous laissons au lecteur le soin de chercher à son tour de nouvelles voies pour faire avancer notre connaissance collective scientifique et ainsi l'humanité toute entière.

6. Références

Vous trouverez ci-dessous de manière bien entendu non exhaustive les références que j'ai pu consulter sans néanmoins les copier. Cela vous donnera une vision autre de cet ouvrage avec des résultats parfois plus poussés et des angles de résolution différents. Ces références se veulent donc complémentaires pour celle ou celui qui souhaite approfondir ce thème merveilleux des partitions de nombres entiers.

[1] fr.wikipedia.org/wiki/Partition_d%27un_entier
[2] www.dcode.fr/generateur-partitions
[3] villemin.gerard.online.fr/Wwwgvmm/Addition/PttIntro.htm
[4] villemin.gerard.online.fr/Wwwgvmm/Addition/PttRecur.htm
[5] mathworld.wolfram.com/PartitionFunctionP.html
[6] oeis.org/A000041
[7] oeis.org/A008284
[8] www.les-mathematiques.net/phorum/read.php?5,862161,862190
[9] mathenjeans.free.fr/amej/edition/9910part/99_parti.html
[10]   mathenjeans.free.fr/amej/edition/actes/actespdf/95141144.pdf
[11]   www.prise2tete.fr/forum/viewtopic.php?id=7523
[12]   serge.mehl.free.fr/anx/partition_entier.html